书名

I0486709

健康和宇宙

邓信忠

本书情况

书名：《健康和宇宙》

作品数目:14

字数：22,864

页数：15.24cm*22.86cm 93

诗歌作者、封面摄影（1200万像素手机）、封面设计：邓信忠

封面标题：健康和宇宙

©版权所有 商业用途请申请许可

序言

健康和宇宙是人类至今依然无法直接掌握的自然现象，本书是作者对于有关问题的一些看法，现在结集与大家一起分享。

本书是作者的个人观点，仅供读者阅读参考，相关的科学知识应该以课本为准，如果有不良反应，本书将及时更新或停止发行。

本书缺点错误在所难免，希望大家多多包涵。

目录

1. 改变身体健康状况的尝试

每一个人的身体，营养状况虽然有波动，基本上是保持平衡的，想要打破平衡使身体状况有所改变，运动和饮食都有可能达到目的。例如运动的体魄比较强壮，是因为运动可以加快组织循环，使机体有更多的营养机会，从而偏向生长的平衡，使身体变得强壮。有些人总是想要吃零食，有可能是习惯于少吃饭，经常处于饥饿状态的结果，如果改变为吃营养丰富的足量正餐，行为和身体情况都有可能会改变。

适当增加营养，可以帮助身体迅速解除疲劳，也是经常可以观察到的情况。比方说有些老年人外出坐公交车后，会出现关节酸痛的反应，如此除了因为在公共场所深度接触物品，因而消耗过多的体力外，有些过敏体质还会因为公共卫生状况而出现炎症，除了马上休息可以恢复身体健康状况外，很快补充营养也是应该选择的应对措施。

以上情况的炎症表现为瘙痒或湿疹，上医院就诊也许很合适，可是如果选择一些有利于排解身体废物的食品也许更简单方便。对于身体比较健康的人来说，可以选择一升纸盒包装牛奶，或者纯果汁来尝试效果，一般选一种就可以，也可以两种一起使用，不同的人有可能偏向于其中一种选择，如果出现身体烧心或者腹泻的情况都说明效果明显，但有可能不容易承受，可以适当减少用量。

该方法用来减肥效果也是很不错的。

2. 健康新思维

人类身体是最有效使用能量的有机集体，会因为身体活动的需要，及时调整身体的能量分配，使能量达到最佳效率。

机体因为活动的需要，能量会自动分配在正在进行的活动上，很多人都不会怀疑。跑步时，人的消化能力会有部分的抑制，此时加快的血液循环都集中在身体的跑步运动上，表现为呼吸心跳加快，大量出汗等运动表现形式。此时组织能量集中的部位，也就是正在进行运动的部位，这些部位因为运动而将营养和能量集中给自己后，就有了生长的机会,运动因此而可以使身体生长，或表现健康。

大多数情况下，新陈代谢是身体消耗能量的主要方式，这一身体维持自身存在的能量消耗运动，几乎连热发散都不会被人自身察觉，但却又大到需要动员全部生命来进行，有关的现象自然存在，但也不见得有人会注意。 在测试阴茎勃起时，很多人都知道夜间睡眠勃起的事情，如此的发生几乎每天都会出现，大多数人都将勃起理解成同性有关的梦的生理反应现象，可事实上，它是人体基本新陈代谢的生理活动结果，在新陈代谢进行过程中，人的体液需要大量流过生殖系统组织，为其生长提供能量，并且将废物清理掉，使阴茎在此期间出现勃起。

消化，也就是新陈代谢的生理表现形式，需要集中精力或能量来进行，睡眠是最好的方式。如果睡眠不足，消化能力会受到影响，有可能会出现便秘等的消化系统疾病。

使用睡眠来调整新陈代谢，很多情况下身体会自动调整进行，有些身体一般或较弱的人中午或下午容易打瞌睡，基本上是午饭后，集中精力进行消化的需要。早起一般不出现，是因为经过一整夜的睡眠后，身体的消化能力变到最强，早餐又简单，有足够的能力将食品消化解决掉。

身体的能量大多数情况下都在体温恒定的情况下安静地处理事情，人体几乎也无法使用加热的方式给自己增加能量，但如果身体体温升高，对身体的活动也会有影响。比如洗热水澡时，大量出汗会将人体的废物通过皮肤排泄出去，一般情况下停留在头部的身体排泄物，如果用力擤鼻涕，也会不同寻常地大量排放出去。如此的运动都是身体组织或体液在温度升高时，增加活动引起的。此时不容易被排除到体外的身体废物因为热运动而有机会出现在排泄器官部位，从而被排除掉。

身体能量的大多数情况，可以通过某一种现象来理解，即活体组织的能量状态如何，也可以通过观察来得到。体温有不同于一般物体的热度感觉，相同温度情况下，摸起来有更深入到身体的热感，是因为生命组织热能量运动相互之间可以共鸣，热量由组织内部自身发出。人体的精液刚刚射出时，可以用红外装置在黑暗中被观察到，过几分钟又会消失，说明其在组织内部存在于一种较高的能级状态，在组织或组织液体失去活性时（指不再参与总体的生命活动，精液自身还有活力，还可以人工受孕。），又会回复到普通的能级状态。组织自身的活力应该是在原子状态的热运动中进行，所以有相对于外界物质的消化能力。如此的状态如果无法保持，生命活力也许会受到影响，从而生出各种疾病。当然，精液如果活力不减，似乎也没有担心的必要。

身体的健康通过新陈代谢维持，新陈代谢又只是身体和外界物质能量重新分配的过程，知道身体的能量分布情况和运动情况，就可以有针对性地调整身体活动并进而求得健康。比如身体组织自身纯净可以维持的身体体温，如果被大量的身体废物侵蚀，相当于组织能量被分散削弱，就自然会削弱其生理功能，就可以设法通过排泄，甚至于减肥的方法使身体恢复健康。

3. 减肥需要体力保证

减肥通常和减少饮食，加强运动等消除身体热量的活动有关，如果对于肥胖的理解不至于是热量积累成脂肪，减肥活动应该有完全不同的要求。

正确理解肥胖

肥胖的原因很多，但此处理解的肥胖是指身体代谢废物无法排除所致。通常肥胖和脂肪在身体内部过度积累有关，但脂肪并不会无缘无故积累，当身体产生的废物无法排除时，通常会把脂肪当作藏身的地方，如此就会出现肥胖。脂肪并不会因为饮食过高的能量食品而出现，而是食品含有无法排除的废物才会出现。

减肥需要足够的饮食

所以肥胖的某些前提是营养不良，或营养不足，只要有足够的食品，可以提供足够的能量，即便减肥谈不上，也不至于会出现肥胖，此时身体有力量生长到正常。

当大量饮食并不有效于减肥时，同饮食习惯有关。

食品只要达到能量高，不产生废物的要求，基本上就可以不发生肥胖，身体健康的目的。当人们为了减肥而回避饮食时，通常会把该前提的食品回避掉，就自然不利于阻止肥胖发生。减少饮食数量和能量相关的质量，也可能出现减肥效果，同注意饮食时，可能回避掉产生废物多的食品，其中典型是脂肪。动物脂肪如果会积聚废物，回避脂肪就可以回避积聚了废物的垃圾食品。

减肥的最有效方式应该是保证食品的供应，大量食用包括脂肪在内的碳水化合物和蛋白质的动植物食品。

运动如何可以健康

我们的健康基本上和环境息息相关，有些减肥方法总是会有效的，但又会在不良的日常生活中反弹，所以健康要从关心环境和饮食做起，除非希望强化身体部位的健康，或者达成运动健康的平衡，除了日常的生活运动，运动基本上可以理解成消耗体力的活动，并不是必须的事情。

运动的本质是使身体在物理运动的刺激下，加快身体循环和代谢，将能量集中给身体，及身体某些运动的部位，使身体组织粗壮或增生，表现出有活力的健康。运动本身并不提供营养和能量，因此只有在补充营养的食品可以保证供给的情况下才有效，如果不注意营养，运动未必对身体有利。

运动可以减肥除了增强组织循环，加快新陈代谢的可能外，也和运动可以集中能量有关，普通情况下无法排除的身体废物，会在能量集中的情况下排除。

体力应该保留给身体的基本新陈代谢来使用，长寿有关的非健康反应，很多情况同体力不足有关，体力除了节约外，基本上就只可以依靠饮食来处理了。

减肥需要身体体力

肥胖出现的一个因素和没有足够的体力排除废物或者积累而成的毒素有关，人体体力的理解，不只是自己身体素质足够强壮，而是某些顽固的废物以高能的形式被身体在利用，身体只有接收到对应的营养元素，通常是普通优质的食品，才可以解除而排出。营养不良作为健康问题的极端情况有出现病变的可能，体力不足则只需要补充食品，所以想要健康最起码不要饥饿，而且要饮食均衡，某些基本的营养物质，在质和量上如果可以保证，基本上不会出现减肥问题。

健康饮食来保持体力

健康是身体组织自身的状态，营养正常时，基本上是维持身体代谢正常，表现健康的前提。如果减肥，只有吃到某些食品时，身体才可以排除目前积聚的某种废物，说明身体不会在普通情况下表现正常的健康，无法排除废物如果不是组织或内分泌有问题，就是废物自身的顽固，其积累导致最终的身体疾病或 j 肥胖，以及衰老。

食品的额外补充说明处理了营养问题，营养确实起新陈代谢后身体组织可以正常的作用，身体在补充营养后恢复到正常，并且有了正常的激素或消化液分泌，废物因此排出。

　　营养也可以直接起作用，它们和废物发生反应后，改变了废物和身体组织的结合能力，因此而将废物排除。

4. 食品和组织的能量关系决定健康和肥胖

新陈代谢基本上是人体和环境，特别是环境中的食品进行能量交换的过程，了解清楚身体组织和食品的能量关系，就可以更好地安排饮食，达到减肥和健康的目的。肥胖同身体废物蓄积有关，高能优质食品才可以使身体强健，将废物排除。

食品的消化

食品消化总是从入口开始的，先是被咬合，然后咀嚼，进入食道，胃肠，然后排出。除了机械的切割和搅拌，消化大部分情况和内分泌的消化液，消化酶的化学反应有关，同时又被吸收，通过血液运送到身体各个部位。

有一种情况与此不同，也许可以说明消化的意义和结果。当我们闻到食品气味时，唾液会出现大量分泌，理所当然地以为是消化步骤中，最先有的消化液分泌反应，而事实上消化的最后结果未必不如此有关：身体组织陈旧的生命结果分子，作为内分泌液或排泄物被首先排出，同时又有高能量的气味分子被分解，把能量转入到身体。

食品将自己的能量转入到身体

身体组织的健康应该同构成身体组织的物质分子的能量大小有关，身体总是尽可能保持自己的最佳能量状态，但维持生命活动和人的日常运动都需要消耗能量，使已有的组织处在能量相对较弱的状态。当能量不足够时，身体总是在等待能量较高的合适的物质分子来补充自己的能量，这些高能量分子不管处在什么状态，气体，液体或固体，都有可能成为被交换的对象，因此就会出现某些气味会引致流涎的现象：因为有足够能量的补充，旧的身体组织被作为唾液排泄出来。如此的现象更多地表现为尿液或其他身体废物排泄形式而出现，有些人会因为喝牛奶而拉稀，就是因为蛋白质在身体内不足质也不足量而出现的问题。有些撒尿问题不只是补充水分就可以达到的目的，在有高能量物质补充时，才更可以表现畅快。

人体身体排泄物在很多情况下都是高能量的废物分子，因而会被身体当作保持自身组织能量的正常支持留在身体组织周围，或内部，如此的积累是身体肥胖，生病，健康恶化的重要前提。这样的物质因为身体需要，因此很难做到被排泄出体外，但身体组织如果自身足够强壮，则可以让废物自动远离，如此就是减肥和健康必须有足够的食品，而且是优质高能食品保证的前提，因为充足的饮食身体才会自身生长到正常，强壮，才会有力量将废物排除。

什么是高能量物质食品

高能量饮食不只是指高蛋白或高碳水化合物，如此是维持身体基本健康必不可少的基本能量物质，缩减这些食品减少能量摄取的减肥方法在此不应该被提倡，就是因为饥饿的组织无法正常生长，更没有力量排除废物，而如果能量多余的话，并非会随便蓄积成脂肪，脂肪反倒是因为能量不足够而使代谢物蓄积的结果。

高能量食品在此应该指食品物质的分子能量状态较高的物质分子。可以指可以打开某种化学键而发生化学反应的特定物质，例如酶或维生素等，可以在身体生长方面起特点作用。本文想要强调的应该是分子或原子状态上理解能量交换的高能量物质，在物质分子完全一致的情况下，可以起高能量交换作用的物质。

如此还要提到闻到气味流涎的问题。起流涎作用的多数是酸性物质，酸感觉根本上是只剩下一个质子的氢离子的人类味觉，可以理解为粒子小而显示高能量水平而可以步入消化的物 质交换状态。

同样是水，蒸馏水有可能因为分子排列紧密的关系具有更高的能量而更容易解渴，矿泉水虽然有能量更高的金属物质，却不会因为自身水分子的能量状态的不同而起可被吸收的作用。

少吃肉应该指减少进食动物身体废物，大多数动物都存在着身体废物无法排除，并且在组织内部积累的问题，即便不显示为肥胖，也会因为环境或食品条件的原因而有普通或不易排除的废物蓄积，肉食会发胖应该指类似废物转移到另一个动物体内环境而不易排除的发胖。如果作为食品的动物肉很纯洁，因为是组织内部的关系，能量通常都比较集中，所以是身体的优质能量来源。

更健康是人体同环境平衡的更高水平选择

人体的健康只依靠普通的日常饮食和良好的环境及卫生习惯即可以维持，但是因为有些人体代谢产物未必为人体所需，又被身体当作能量支持，所以不很容易排除，长期积累以后就会出现包括肥胖在内的疾病，保持身体健康从清理身体入手应该是比较关键的事情。

在健康知识普及，生活水平普遍提高的年代，基本营养都可以满足需要，所谓优质高能食品似乎并不是按照类别可以划分的，常常会因为时间地点的不同而不同，某些情况下适合于自己身体的水平，在身体满足需要后又会变得普通，所以可以让身体提升到高质量水平的食品应该是个体和环境及其食品不断平衡，调整到更高水平的生活选择。

5. 拔牙及其他

身体被注意的时候，多少会有不一样的发现。

身体内部，特别是骨骼的不健康首先会在牙齿方面有所表现，比如牙齿表面不平滑，说明骨骼需要有代谢物或营养物质附着来保持体力，又无法马上补充及至排除，如此几乎就是肥胖的实战表现，如果身体肌肉组织如此情况，可以理解人体会有多么肥胖。

人体体力的消耗很大部分使用在身体自身的代谢及保持上，同时外界环境的能量状况对身体体力似乎有直接的影响作用。消化的首要步骤噬咬，就需要消耗体力，除了消化液分泌外，牙齿的构型几乎把身体的能量很大部分地集中在牙尖的位置，如此可以把食品切开，同时又将食品在能量状态方面，变得和身体一致，使食品通过食道进入身体前后不再有异物感，又容易消化。 如此的体力消耗在身体无法及时补充时，应该是发生龋齿的重要原因，但又无法避免，在食品营养水平不合格时，龋齿的普遍说明状态的严重。如果考虑公共场所，座位和餐具比食品更容易发生能量影响作用，出现肌肉抽筋、关节疼痛等疾病症状，对于牙齿来说，严重情况应该是龋齿。发生龋齿以后，即便不疼痛，也会出现口腔气味异常等问题。（顺便说一句，口腔气味不止和口腔有关，前面提到的骨骼不平滑膜层，常常也是身体不良气味的来源，稍微不严重一点的是排便问题，排泄物不及时排除会让体液承受更多废物压力，在口腔气味上也有所表现。 ）

异质但更为强硬的填充物可以让牙齿不再腐蚀，所以及时检查牙齿，及早填充牙洞就可以解决问题，如果变得严重就只可以将其拔除了。拔牙以后如果仔细注意，人体自身的秘密因此而可以有所表现。

拔牙创口虽然只是在牙龈部位，但其身体的修复反应却要有整个身体参与，需要消耗很大能量，所以拔牙后在家休息一整天很有必要。拔牙前最好吃足够量的食品，同时准备一些流质食品以备拔牙后补充能量之用。牙齿拔过之后应该选择回家卧床休息，如此不出半个小时，就可以感觉身体的修复反应了。首先身体循环开始加快，并且发热，此时体温因为较前相对于环境温度升高而感觉到冷，在牙龈创口部位还可以感觉到更明显的血液循环，由于体力消耗，会感觉浑身无力，如此状态有可能持续 5 小时或更长，结束时也很突然，体温升高和循环一起结束的时候，身体马上就不再有虚弱的感觉，自己已经可以像平常一样自由活动了。

　　还有一种有意思的现象。正常情况下我们吃食品，一般没有牙床发热或发冷的反应，在拔过牙后，只使用一面牙齿咀嚼的时候，常常会出现牙床过热的问题，如此肯定应该以为，我们咀嚼食品是左右两侧牙齿交替在工作，几乎没人会注意。

6. 理解神秘事物

神秘事物只是部分被感觉到的事物，同感觉物质在不同波段上的表现不同有关。

神秘事物总是和不可见或感觉有关，因为存在而不可知，对于现象本身许多人都作了解释，其中不无真知灼见。如果你也遇到神秘事务，你会怎么理解呢？

照我看来非常简单，事物只是一种存在，存在以对象的感觉为前提而存在，只要可以感觉到，就说明存在。这是科学上最简单的存在道理，如各种射线拍摄的照片可以说明肉眼看不见的存在。

可是为什么有些事物可以感觉到却又无法看到？除了人体感光范围的限制外，感觉和视觉的不同步出现正是神秘事物存在的基本特征，此时事物存在的其他因素可以被感觉到，有关的被感觉对象也许很远，也许很近，但都因为波的不同特性而可以被感觉到，视觉因为必须直线传输才可以被看到，所以在其不在直线范围内出现时，或有可见光无法通透的障碍出现时，即会只有感觉而无法看见。

神秘事物最常见的现象如此，也有相反的例子，只可以看见而无法被感觉到，因为视觉可以肯定的事物更为直接、外在，所以不会被神秘以为，而只是普通的生活现象，如海市蜃楼，基本上是存在通过大气的可见光折射才会有的现象。

视觉、听觉以外的人体感觉一般都是内在的人体反应感觉，一般不会出现在面前。如果出现则当事者会有奇怪的想法，而且生命基础的支持都是比较稳定的，在被突然激动时，会感觉难受或紧张。

现在举一个只有感觉但没有视觉，有不易被发现，也不被以为神秘的神秘事物例子。

有些类似感冒症状的喉咙发炎同某些生活习惯有关，找医生吃药有可能使症状彻底解除，但如果仔细观察，应该可以发现自己在公共场合出现后身体的不同，如果在餐馆吃饭以后身体感觉不适，特别是喉咙肿胀，有痰液出现时，就应该不使用公共餐具用餐 如此很快就会使症状消失。

该事物发生的前提是高级餐馆，餐具都经过消毒处理 正常情况下不会被以为有生病的可能，但如果出现，则说明不同人体的影响可以通过物体的传媒作用而起作用，或者餐具本身的其他存在形式一般的生活处理无法触及，因此而使身体有不良反应。

　　顺便介绍一个不属于神秘事物的生活事例，因为对氟化物人体反应的不完全了解，某些品牌的氟化物牙膏几乎占领了牙膏市场的所有份额。有些用户对氟化物过敏，并不说明氟化物有害，所以氟化物牙膏还可以存在，但氟化物如果对人体有害，则氟化物牙膏就应该结束药物添加剂的氟化物使用了。因为没有实验研究，也没有用户投诉，有些人的反应也许只是过敏的个人反应，回避使用氟化物牙膏只要个人注意即可。但仅只是过敏反应，也不说明品牌牙膏可以被全部改换成高级的氟化物牙膏。氟化物牙膏的副反应还是不太容易发现的，使用者首先会嘴唇发干，进一步牙龈组织会出现网状溃烂，有时候疼痛很明显。

有人发现如此，或者还有其他不良反应症状，应该反馈给生产商要求其改进。

本例中你无法确定症状反应同什么有关，但知道和牙膏，特别是含氟牙膏有关。因此而知道可以如何解除病症。本例完全不属于神秘事件。

7. 消化的物理途径

本文试图对生活中的消化例证做合理的解释，因此提出消化的物理途径的理解。消化的物理途径也许很少在通常的消化系统途径发生，在身体表面发生时，起防御身体外部环境物质入侵的作用，可将入侵物彻底湮灭。

什么是消化

我们一般人知道的消化是食物在生物体内部，通过消化系统器官进行的复杂的生物化学反应。这样一种消化步骤，首先通过烹饪和咀嚼的物理的机械方式将食物熟制变性、粉碎，然后进入消化道，经过各种酶和化学物质的作用，将食物分子中的能量和营养，转移到身体组织中，最后把无法进一步消化的食物残渣排泄出去。消化的重点是吸收能量，并且利用食物中的营养物质修补和生长身体组织。本文希望探讨的，是不经过通常所见的消化步骤，直接从食物中吸收营养或能量的消化方式，不是指正常的消化方式中烹饪和咀嚼、蠕动等的物理步骤。

物理消化途径的特例

有人休息时，一只蚂蚁样的飞行物飞入其耳朵孔，在听到尖锐的嗡叫声后，昆虫被瞬间消化掉，口腔里开始有苦涩的味道。当时很快去医院作了耳道窥镜检查，医生否认有异常物体存留。

讨论

如此类型的消化，是很彻底的消化，作为食物的生物体的彻底湮灭，属于防御类型的生物生理反应，将个体环境自动变成生物个体自身的延伸。最后依然有废物需要通过身体组织排除，此时最彻底的消化残余无机物或能量极高而打不开能量键的有机物，会显出进入到口腔后的苦涩味道。

消化一般通过身体内部组织的平滑肌进行，其上有各种内分泌腺分泌酶和化学物质，将食物分解消化掉。本次消化通过身体表面皮肤组织进行，但耳道造型却使皮肤组织集合在一起，能量集中而有身体内部环境的条件，虽然没有通过消化腺分泌的化学物质的参与，但分子间能量转移的基本条件具备，在更深入的原子水平上，发生了能量重新组合的类似于核变反应的反应。该反应发生时，分子组成的物质外形并不会改变，也可以改变，但能量状态已经不同。理解成原子的构成虽然不变，但能量变化有可能在原子水平发生，能量直接在食品和组织间交换。

核变或原子反应的理解似乎很没有必要，但没有化学分子介入的消化反应，能量似乎可以在很大范围起作用。另外，金属物质可以理解成一个大原子的结构，可以理解有机物生物体具有结构一致的反应水平，消化时，外层结构可以很容易以能量形式被其他生物吸收。后一种理解不会没有根据，飞碟自身的形象，在有些观察中，只是飞行动物的延伸外表，很容易被破坏吸收。

如果以上理解的物理消化成立，如此消化是体内消化的重要步骤也应该成立。本例中其消化唯一的生理化学迹象味道表明，消化的程度可以进行到什么水平。理论上应该和燃烧反应一样最后只有水和碳及无机物等基本物质颗粒存在，但苦涩的味道似乎表明依然保留有有机物质的存在，该种有机物质通过耳道皮肤吸收到口腔，或者应该是湮灭成初级物质颗粒的入侵者在进入身体内部时，被身体捕获而有生物化学反应所至，或者，不会被吸收的无机物质，在进入体内时会有自身的味道。

人体消化腔内部应该更可以发生前述一样的燃烧反应，食物分子的能量应该首先被吸收，使身体强壮后参与进一步的化学消化反应。

生物化学反应的发生，是具有能量的食物粒子结合键被打开并使能量转移到身体组织物质上的过程，包括能量转移和物质分子从食物到组织的重新组合。消化系统里的消化并不出现本文提到的物理消化现象，从进入口腔的破碎开始，就已经有内分泌消化液参与了消化的化学反应，似乎有化学反应发生时，物理消化的核反应即不再发生，以方便身体利用食物物质修补或生长组织。

但食物首先被牙齿切割时，并非没有物理反应发生，牙齿或者付出能量到食物中使其消化，或者直接从食物中吸收能量使食物失活，使牙齿有感觉上的不同。牙齿可以起直接传递能量的作用。

化学物质的存在起分散能量的作用，但不同的化学物质能量不同，在身体内部的生理活性不同，组织自身的选择使化学物质能量转向自己，如果组织自身的能量无法将食物化学键打开利用时，则食物最后会成为废物被排除，但高能量物质通常不会被身体组织轻易放弃，不会从身体内部排除到体外，所以会被改变成能量分散的排泄物。

结论

生活现象需要有合理的解释，昆虫在耳道中的湮灭应该是一种物理消化现象。

物理消化没有化学反应发生，但物质本身发生了改变，而且是非常彻底的改变。

8. 公共场所的卫生隐患

日常用品有可能存在看不见的卫生问题，出现在公共场所时，有可能因为人和人的交叉使用而发生健康问题，有关的情况还需要继续调查研究。

如果知道为什么生病，我们肯定会采取措施，但如果看不见，就只可以听认其发展了。如果有人感觉到了以前不知道的致病因素，应该是引起注意的开始。

公共场所的卫生状况总是不容易搞懂的，比方说坐公交车头晕，和上餐馆儿吃饭过敏等，明明看起来很干净，可为什么会出现身体不适？本人曾考虑过有关的问题，而且想像其中的理由，神秘现象的物理学解释，都不说明自己因此而可以帮助自己，只可以采取回避的措施解决问题，比如到使用一次性餐具的超市或快餐店及摊贩用餐，徒步就近上班，就近逛商场等，身体所谓的亚健康问题可以减轻很大一部分。

公共场所，特别是公交车上的座位是许多人身体有不良反应的主要部分，除了头晕，还会出现座位接触部分身体的肿胀和瘙痒反应。

前面的反应应该理解成人体的间接影响作用，在人和人接近时，可以感觉到的凉爽或发热的外力扭曲或冲击反应，在作用到物体上时，会将物体自身的势力改变到适合自己，人体和物体的距离感因此而消失，人体才会以为舒适。人离开后，物体自身被改变的势力作用并不自然消失，其他人再接触时，人体和物体所具有的势力需要重新协调到一致，如此需要消耗体力，使身体表现疲劳或眩晕，在人体被物体的强大势力战胜时，也会表现晕眩。

从另一个角度来理解，人体和环境物质一直在进行能量交换，物体的能量水平保持平均也不容易，很可能同前面刚刚接触过的人的水平有关，和自己的身体状况差别较大时，也会因为能量差别而表现不适。

肿胀和瘙痒的反应更有可能和肮脏有关，霉变，有毒化合物或微生物等，但看见餐具和座位干净的水平，还亲眼看见其进行的消毒程序，几乎无法想象和过敏反应有关。不过本人最近一次的经历似乎否认这些东西和身体反应无关。

有一次不得不去餐厅应酬，就选了一家开业没多久的餐厅吃水饺，用餐前用卫生巾把筷子擦了又擦，店员看起来都有些不自然，但只有如此才会感觉到卫生。起初不愿意碰碗盘，但老板送的一碗水饺汤实在诱人，餐馆的过敏经历没有过例外，但今天开业不久，也许会不同，谁知道对着碗沿用力一吸，想把汤吸上来，却不知道有一块什么硬的东西被从碗沿上吸了下来，来不及反应就咽到肚里，当然看不见就不会在意，可身体反应却不简单，突然感觉到直肠部位受到严厉冲击，也不觉得疼，但第二天却感觉到有一个硬块堵在出口不容易排出,上了两次厕所才处理干净。有时候虽然不会感觉到冲击反应，但排便反应依然存在。

如此应该以为，人体用餐残留在餐具上的食品或人体物质，并非不以看不见但有可能感觉到的形式存在，他们可以对人体健康构成威胁。本人没有到实验室去测试,也还没有查考相关资料，不过有一部法国电影<<豺狼帝国>>的吃饭场景似乎比较符合想象的要求。在电影中，我们以为餐具上的腐败物质出现在人的脸部，现实生活的人也许也未必不如此，但人体自身也许从小就适应了自己的延伸状态，可是就健康而言，知道以后做什么选择，还是应该自己注意的。

当然，还有一种可能性不大，但人们只要在一起就无法消除过敏反应的理解。不同人体具有不同的能量状态，密切接触时，会有比较明显的干涉现象，会生成过敏原或微生物，因为在体外，此种干涉的生成物较低级，不同于生物体之间的受精却也类似，会有异味及感染的各种问题。如果肯定的话，基本上无法消除。

9. 生活和宇宙

如果生活是宇宙的缩影，则通过观察生活可以推导宇宙起源的秘密，文章通过生活事例，想象宇宙的发生，并以此重新理解生活现象。

在假设宇宙只有一个从内到外均质，只有一个实体的前提下，其内部偶然出现的某一点不平衡，即可能导致目前的物质世界的发生。作者使用力相互作用的原理对其作了说明。

科学需要对事物准确的理解前提

有人说"一滴水可以窥大海"，说明万事万物之间是互有关联的，了解事物的基本原理之后，就可以看清事物的本质，知道大海和水的共同之处。

在《环球科学》杂志 2006 年 12 期中，有一篇和宇宙起始有关的文章，谈到宇宙历史中人类在现有观测手段范围内，对宇宙发展进程中想象和描述的空白。虽然有物理观测手段的生活前提，但对事物理解的前提如果准确，是可以帮助人类寻找观察的视角，主动查找到物质的间接前提的，至少正确的理解前提可以为想象提供依据，为宇宙发展进程弥补空缺。

最初的宇宙形态

宇宙发展到现今，除了我们知道的日月星辰外，还有地球这样的智慧生命，在这些物质实体出现之前，宇宙应该是什么样子呢？这应该是我们想象的前提，也是宇宙开始发展物质生命和生物生命的前提。

我们想象宇宙最初是均质的，即只有一种状态，没有任何运动。在一个没有任何运动的空间，运动本身应该没有任何阻碍，属于超导状态[超导应该是一种运动被冻结的状态，或者冷冻使运动不再复杂]。这样的状态自然除了均质以外，没有任何其他类型的生命，现在有许多类型的生命[生命在此主要指具有不同运动能力和状态的物质实体，目前所知最复杂的是人体]，则宇宙在均质之后必定发生了改变，什么样的改变可以使宇宙和最初有不同？我们知道有许多相关的理解，其中有大爆炸理论，现在我们可以想象的表现应该也是一种爆炸。

宇宙的均质也许根本不存在，也许是其一直具有的状态，不管如何，我们为了说明宇宙生命的开始，需要认为是如此。

当宇宙有一点不平衡的时候，可以想象永远之中的意外，这一点力的不平衡即会在超导的均质宇宙中引起连锁的运动反应。

第一点力应该是有方向的，一经开始就不会停止，某一方向的运动使均质的宇宙不再保持平衡，会使整个宇宙向其倾斜，在超导状态下，应该是很剧烈的运动，程度类似于大爆炸。

力的运动形态

运动有相互干扰，叠加，又会在自己的方向上独立存在的性质，不同类型的力还可以共存。另外很高速度的密集运动对其它力来说，具有物质的特性，两者在一起时会有固形物体同外力作用的反应，物质实体本身是力的集合。

第一方向的力的运动到最后不管改变为什么形式，从观察的角度看，依然会把旁边其它的存在往自己的运动方向吸入，应该是我们观察到的黑洞。

第二方向的力同第一方向垂直，或接近垂直，是第一方向运动后，周围向其空缺进行扩散的运动，该种运动会在自身的水平方向上进行完全相反的运动，并且相互会有影响，如果运动本身因为相互影响而不马上逃逸，在其中心密度会加大，应该可以成为我们通常理解的恒星。在极其广大的宇宙背景下，该种运动需要很长时间，如此可以理解恒星生和死的命运周期。如此也是宇宙存在黑洞的另一种可能。

第一运动进行时，对周围的影响包括旋转和与其平行相反力的发生，成为第三方向的力，使其可以在小范围内，及不同方向上存在，对第一运动在垂直方向上有切割作用，使独立的星体出现成为可能。

第一运动在通过第二运动时，已经开始有阻力[超导状态下则不会有]，反作用力因此而出现，往第一方向的运动因此而反弹，出现一个或多个独立的运动体，即类似于地球和月亮一样的行星体。如此的运动可以参考高速摄影拍摄的水滴落入液体的照片，一滴液体落入大量液体时，反弹成一串液体球，如果下面的液体很快向下运动，则跟着一起运动的液体球有可能保持球状液体。第一运动落入第一或第二运动时引起的水花飞溅一样的反应，也属于如此的反应，因为相互作用的两个力的复杂程度不同，会有不同类型的实体出现。

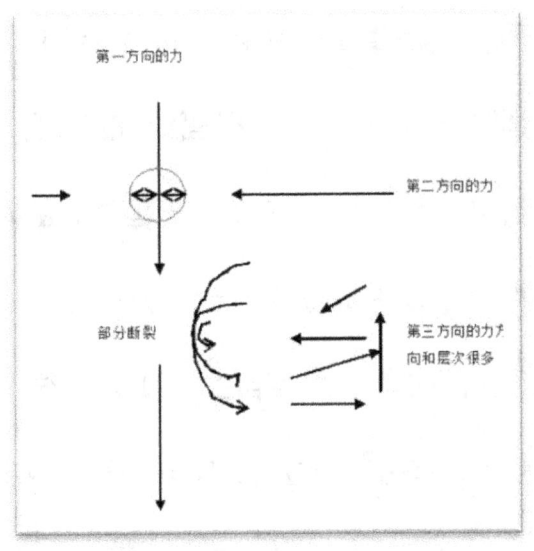

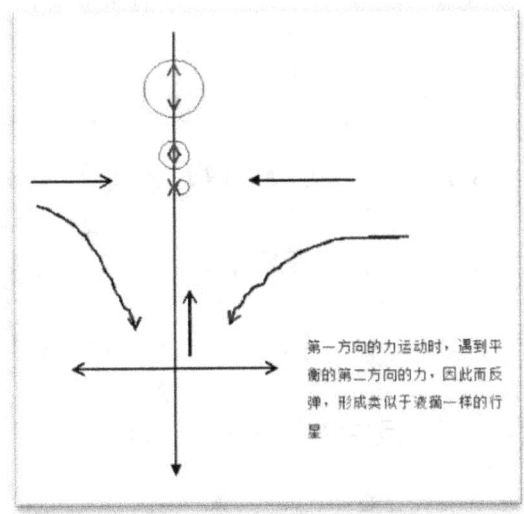

如此也许是生命出现的最基本形式，出现什

么结果，取决于周围力的复杂程度，这些力在经过反复震荡之后，会复杂而且稳定，充满宇宙时，只是如何适时表现的问题，而不是没有的问题。它们保留着自己的特质，当它们在一起时，会以最稳定节约的方式平衡稳定在一起，并且会因为进一步的改变而改变，成为宇宙生命的其他形式。生命里的受精也许是该种过程的最典型表现，结合是以最有活力，又最基本单位的形式开始的，并因力的进一步运动而壮大，最后又消亡。几乎等于重复一次宇宙某些部分从开始到结束的发展过程。某一些力的集合发展时，其他类型力的集合会在其周围出现，起平衡作用，它们应该表现出物质的特性，并且是物质多样性的表现。

第三方向的力方向和层次很多，甚至于成为封闭的环筒状，如此也应该是宇宙实体的前提基因。三种方向的力共同起作用时，即会出现通常见到的饼状螺旋星系形状。

第一运动开始后，即以有或无的最大速度运行，而且不会消失，但却会以不同的形式存在，并且会同各种相对应的力达成平衡，形成目前可以看到的平衡宇宙。宇宙的平衡依然处在运动之中，每一个物质实体，都是运动力的平衡的结果，而运动又是不断地在改编的，平衡消失的时候，该实体也会消失，变成其他更复杂或更简单的实体。因为宇宙极其广大，不同类型的平衡都会持续或长或短的时间，所以生命有了过程。

运动会在自己的范围内形成震荡循环，运动的每一次循环都会有相同类型的力的发生和干涉，从最小到最大，都保持并且充满着宇宙已经有的运动范围，并且还在扩大。

最复杂的运动平衡应该是人体，是宇宙平衡的缩影。

运动实体都是力的平衡的结果，这些力在自身内部观察时，具有电性，实体相互之间观察时，则具有引力。力可以在最小实体和最广阔的范围内存在，表现为所谓的电子或平衡空间，运动的最小单位在不同类型的平衡体中会有类似的表现，如质子、电子等，运动的较大单位也许就是我们所在的空间，比如电磁运动中的磁场，也许是其进一步集中的表现，象水一样被舀取时，就是我们使用的电。力的运动或空间被压缩时，在没有阻碍时随时会恢复到其基本状态，也许是运动着的我们可感世界的平衡基准。

10.物质世界只是运动的结果

物质世界的起源是人类关心的基本问题,所以有许多不同的理论,本文以简单的基础物理学常识对我们物质世界的起源发表见解,并且对量子力学和相对论的理解有所帮助.宇宙运动对空间的压力作用使空间压缩成为有生命的物质世界,压缩的空间具有物质属性,有物质属性的压缩空间具有运动的能量属性,时间即是其运动稳定状态的生命量.

宇宙的运动是指宇宙自身内部的运动

如果运动属于一个刚性的整体,对于宇宙而言,即是自身的运动,和不运动没什么不同,一般而言的运动,是指在宇宙内部发生的运动,因此运动时的阻力来自于内部自身.

运动自身给前方施加的压力,是自身阻力的前提,在前方有物质力量起作用时,应该是反作用力,在原始宇宙空间情况下,如果不是真空,就应该有和运动相关的物质前提,该前提即是其阻力作用的最初的宇宙物质存在,

物质世界因阻力的存在而出现

这一种物质存在假设在最初是均匀的,但运动的作用和反作用力使其发生改变,生成目前的物质世界.

运动发生时,首先将前方的原始物质压缩,其压缩值达到最大极限时,即开始给压力以反作用力,这一种反作用力应该是以被压缩原始空间物质的物质形态出现的,压力自身在运动过程中也应该在速度极高的情况下表现出物质的属性,两种相反方向力的相互作用,首先是作用力反弹,在

受到依然向前的同一初始方向稍后反作用力的作用下,又开始反弹,如此即可以成为做圆周运动的球形运动,或运动体.

生活中最简单的例子可以从水滴落入液体的反弹现象来理解,水滴在液体的反作用力作用下,又会回到液面以上,如果水滴以加速度落入液面,液面因为水滴的作用而向同一方向运动,水滴有可能在运动平衡中保持自己的固有位置,即有可能是我们所见的日月星辰.

因为运动所致的密度差别使运动具有物质属性

运动自身的位置移动现象,致使制和自身运动速度一致,或被作用到一致的运动部分的位置移动现象,如果不是刚性体,速度不一样的部分会被压缩,在密度悬殊,速度极快时,运动自身部分会转变自身的物质状态,过去不在一起的部分开始紧密地靠在一起,成为具有较高密度的物质存在.

即使密度极低的真空状态,(目前的考察也不以为其中没有物质存在,最起码有各种电磁现象),也会因为压缩而具有物质的属性,甚至于(没有物质而只是)运动自身的不同,在相互作用下,即有物质的属性.

具有相对运动的不同运动,因为有速度的前提,在自身不以为有内部的相对运动情况下,处于静止的状态,在观察对方运动时,运动差所致的压缩力量,使对方可以有观察到的物质属性,即短时间内极快的距离改变,使对方在自己的眼里成为有形的时空压缩物质

物质的质量和运动有关

这一种物质可以被当作静止稳定的存在,但极高的运动能量使其具有物质所具有的各种动能或能量.运动主体在极其广大时,其内部的相对静止状态,亦即我们所处的物质世界状态,对物质自身的作用在获得较小的相对运动,或观察到第一方向的运动的集中作用时,既有相对于反作用力的运动能量释放.

物质的质量,首先应该是其和压缩有关的运动能量,因为运动压缩而可以被感知的空间存在,此时被以为是物质.质量反映着平均空间中,所包容的运动量,或空间被压缩的程度.

运动指位置的改变,时间作为不变的量值才可以理解运动所致的压缩结果

空间的相对位置关系,需要运动来关联,运动又需要时间,在运动速度为定值时,单位时间的运动量,即说明距离的长短,也说明极高运动速度情况下空间的压缩程度,在被压缩的空间内部,距离假设不会改变,但总体以物质能量的状态出现,时间开始成为物质自身存在的生命长短,此时运动以物质的形态保持静止,相对于最初的运动状态,则依然在做普通的快速运动.时间并没有改变.

某一运动的速度改变时,相关运动组合的物质存在极有可能解体,有关的物质生命集会结束,但运动并没有结束,运动有可能以其他或最初的原始状态在运动主体内随主体一起运行.

11.时间概念

确定位置的第四维，自然界的基本存在元素之一，时间是表示事物存在延续程度，或生命年龄大小的物理量，其单位长短保持一定，在光速状态下也不会改变。物质实体和其发展是不同的两种状态，实体有年龄的不同，是其发展状态的不同阶段，放射或发展即使在光速下也无法回到实体的不同年龄段，不然的话，发展是电磁和物质实体的可转换状态。

什么是时间？

时间和长度、重量等事物的基本组成要素一样，是一种自然的存在。

时间作为一种存在的延续或生命量度，规定了相应的基本单位以度其总量，这些单位的量值不会改变的，其总量的累积一般称其为年龄，或持续时间。

有如重量单位使用克或千克等，长度单位用米、千米等，时间使用秒，时、年、光年等，才可以让人知道某一种存在或状态的生命或持续量的长短。

时间以等长来丈量事物的延续程度，或生命长短，其自身作为尺度不会改变，时空中时间会因为运动而改变的现象，不存在。如果存在，则单位的量值会改变。

空间是自我之外的存在背景，依长宽高三个维度确定其位置，时间则是确定对象位置以外的改变量的一个维度，时间不会倒转，所以我们生活的时间只可以是现在时间，知道过去或将来的时间的步骤，只是在现在的时间里，了解过去被记录在媒体里的过程年龄段。

就生命个体而言，时间只是年龄，或过程的的问题，时间自身则和空间一样，只是存在的背景因素，而且无法倒转。

时间和空间的关系

不具备以上性质的时间，是不以尺度而为的时间，也许是一种可以操作的物理现象。比如在量子学说中，时间是和空间一样，其开始和结束，或过去和未来都可以同时出现在某一个位置的观察里。

在普通物理学中，空间简单时，可以被同时观察到，时间则在任何情况下都无法在物质实体保持原来存在状态的情况下，回到过去，或过去和未来被同时观察到。如此是时间不可倒转的前提。

因为宇宙物理学观察的结果，被认为是电磁运动波，经过很长时间的运动才被记录成像的结果，电磁波动的速度是光速，所以运动在接近或超过光速时，会回到过去。如此只是针对事件各种外延而言，事件的物质实体已经不同，无法回到过去，但电磁现象却有过去的记录，电磁和物质是否可以转换，是许多人想知道结论的问题。

电磁过程如果可以转换成物质实体，则电磁过程也就是空间，也就是物理学实体。

时间和空间的不解之缘，可能是指时间会随着速度接近光速而成为变量，此时不是指时间在自然增加，而是指指定的时间单位因为运动而缩短或延长，即测量本身成为变量才可以被理解的时间改变。

时间自身的弯曲伸缩，应该是年龄和时间的

误会，如此通过宇宙奇点，所谓大爆炸前时间和空间统一的位置，才会有时空不分离的理解，也只说明电磁现象和物质世界的关系，在未出现有距离关系的运动之前，时间和空间才会合一，有距离后，物质世界的电磁结果，也即宇宙运动的物质结果，开始将物质世界变成与开始不同，但保留了电磁观察结果的相同。

所谓，物质世界的观察结果，因为现时生活的时间而可以在不同阶段呈现给观察者，观察者如果有速度的前提，则可以调节物质世界的年龄段。此时混淆了物质世界和电磁观察结果的概念。电磁波呈现的观察结果，是否等同于物质世界自身？最起码现代手段还无法还原成最初的物理形态，相应而起的时间年龄关系肯定有错。

电磁的能量和物质现象，说明物质世界的损

失 ,还是说明空间因为物质力量的存在而有改变，对宇宙的未来影响结果不同，后者说明宇宙的基本形态温和而有个性，目前可以说明过去，生命的存在有光明的前景，前者则因为生命和运动的大背景有关，说明了寿命的严肃性。又因为是两者共性和个性的统一，就个体而言，生命现象只是我们的目前景观。

电磁和物质是否可以转换

运动是时间和距离的函数，时间单位一致的运动，即相同时间内距离改变量的多少，说明运动状态中速度的大小，此时时间是一个恒定速度的变量，距离因为速度的保持而在改变，距离的改变状态，可以是物质世界出现的前提，在达到光速之前，速度越快，相对速度静止的环境物质会被观察成为压缩状态，甚至于消失；静止的环境存在观察运动体时，则有可能只是看不见的波动。

相对于光速在运动，或者被加速到在某一段时间具有光速在一起运动的各种存在，在运动以极大速度进行时，会被压缩在一起，就有了构成了物质世界自身的前提。

在运动达到光速时，物体开始和构成物质实体前提的光电基本运动保持相对的静止状态,此时各种类型的运动状态出现在可观察的位置，于是就可以看到物质世界自身。

有光速的运动，是运动着的物质，运动在接近光速进行时，会有物质的阻力，自身会成为新的速度能量级中的物质，需要有更多的加速度力量，才会在光速的能量级中，给自己加速到超越的状态，所以运动会和普通速度不同。

时间能不能倒转

只要可以达到运动物体的运动速度，就可以出现在运动体的相对静止位置，就可以到达运动体自身的物质世界，达到电磁波的光运动速度水平时，则可以进入到电磁波的物质世界。

在该运动能量级中，相对运动本身具有物质属性，在相对速度超过能量级的速度时，会停留在运动的物质状态的超前阶段，如果停留则还需保持诸如光速等能量级的基本运动速度。

物质性用时间来表达，是因为时间错位时，物质状态的生命阶段会不同，该种状态的时间，是其生命因为时间增加而积累的某一发展年龄阶段，称为年龄，或运动过程的某一阶段，而不只是时间。

物质状态在以电磁波的形式表达时，年龄段

的不同位置的走动确实可以以速度的方式，理解为运动过程的时间段的超越，即时间倒转，此过程需要的时间还在增加，即物质实体的总体生命时间也在增加，但过程往回走到了过去。所以不是时间倒转，而是运动过程可以往回倒转。

如果理解成时间不可能倒转，则只是被观察实体的生命时间不会因为过程的回溯而有改变，依然在增加，但构成物体的运动流可以因为相对速度的不同而可以回溯或超前，因此可以理解成相对速度可以把自己带到生命的不同阶段。

如此运动方向应该很重要，相同的运动方向会把自己带到生命年龄更大的阶段，快速运动使自己提前进入高龄，反向运动则可以让自己进入到生命年轻阶段，如此的运动都必须克服保持自身存在的基本速度，如此的速度和光速有关。

年轻阶段的准确理解是，相对于目前，过去曾运动到某一时间的年龄，实际上是在目前对时间年龄段的回溯状态。

总结

时间和年龄是不同的两个概念，时间造就年龄，年龄只是物质实体有生命的属性，只是自身具有或曾经具有的时间，如此的时间不会再进一步流动，但可以因为物质过程的改变而被记录成为各种生命的延续量，因为生命过程的存在而可以在此范围内走动而有时间运动量的要求，表现为过程所需要的时间，只要过程存在，就可以回溯，或倒转。

物质和电磁波的转换前提，是两者速度差的减小，当物体运动速度达到光速时，就可以在相对静止的状态进入到电磁运动本来所属的物质世界。

12.由量子理论理解反物质

物质的极电性质由物质波属性的方向性决定，运动的方向性否认极电性质理解的反物质存在。

随着伽玛射电望远镜的发射成功，可以想象人类视野又有了不同，这些不同会是什么呢？让我们想象一下吧。

物质粒子的波属性

在量子理论中，粒子和波会被当作同一个对象来处理，所谓波粒二相性，如此可以认为，物质组成的最基本单位也应该是运动，以波的形式存在，这些波之所以表现质子的性质，是因为在同其他波的干涉中，已经可以单独存在，即脱离已有的运动而运动,同时又保留前提运动的性质，使运动可以被部分地独立观察到。或者说在已有的总体运动中，有一部分有了状态的改变，但依然和总体运动保持同步。情形犹如移动工具中的乘客，这些乘客不管如何运动，他们只是移动物的自然组成，最彻底的运动和移动工具一致，但他们确实可以在移动物中完成各种复杂的活动。

人和粒子的关系，是两者都是移动工具中的乘客的关系，粒子自身所具有的运动，也是人的基本组成的运动，人基本上还没有将同粒子有关的宏观运动考虑在自己的观察范围里，既不认为自己和粒子一起在宏观运动中移动，存在和波无关，而只是一个物质粒子。

运动如何被孤立出来而成为粒子

已有的运动，应该理解成具有物质粒子性质的波的自身运动，这些运动是宇宙的基本运动，在和其他运动的作用过程中轨迹有了改变，但还会向自己的方向运动 或者说还有方向性的运动，使动能相同、方向相同的运动集中在一起，成为某种粒子组成的物质。

组成物质的基本粒子 是在基本运动进行时，运动自身对环境施压，环境反作用于运动，两者相互干涉而成为的运动平衡体。

粒子的电性质

粒子的运动属性在宏观运动中不显现，但在被压缩或出现在其他媒介中时 有可能被察觉到。比如电可以理解成被压缩了的运动，这些运动适合在自身密度相近[有较多自身属性粒子]的媒质，如导体中运动，又会被有更多形成粒子的干涉波运动的物质绝缘，因为有干涉波物质的存在，运动自身的运动自由会受到限制，但运动自身依然有所表现，成为普通物质表面的静电。

所以粒子的电性质，只是粒子内部运动方向性表现的结果。

运动方向决定反物质是否存在

运动的方向性，不只是说明运动朝某一个方向运动，还说明运动的重心所在，亦即质量所在，方向相反，则不具有相关的性质，则无法形成物质粒子。

所以就物质粒子结构而言，因为运动只有方向和大小的不同，反物质相反方向力的存在如果是的话，则运动不可能集中在一起成为粒子，所以可以肯定结构相反的粒子不可能存在。

运动方向的宏观对立表现，比如干涉波运动方向的存在，有可能是反物质离粒子存在的前提，但干涉波通常是次生于宇宙基本运动波的存在而存在的，在能量和大小方面都无法和基本运动波相比，所以成为相应结构的粒子的可能性不存在，如果存在和基本运动相同但方向相反的运动，则反物质自身的内部基本运动方向和正物质刚好相反，则两者不可能在同一辆车中，即同一个宏观运动中出现，所以几乎不会在同一场景中出现，如果出现，则方向不同的两种运动自身的干涉，在宏观运动里可能生成粒子性质的平衡物质，使物质保持星空或原子结构一样的稳定平衡，但如此的干涉依然由宇宙的基本运动决定，平衡后，依然会向着决定宇宙存在的最初运动方向运动。

宏观运动方向相反的反物质世界中的粒子，其内部运动方向和正粒子刚好相反，但粒子自身运动的独立性可以允许其在任何方向存在，所以反物质和正物质在相同的场景里出现，其表现应该和正物质是一样的，只是从一种宏观运动中往

另一个方向相反的宏观运动中运动的过程，可能

因为惯性的存在，而只是将其毁灭的爆炸过程。

比如，从一辆疾驰的列车跳向方向相反的另一列

疾驰列车的人，成功的可能很小，但有可能成功，

速度极快时则不可能。

13. 速度有关的联想

摘要：运动在相同速度的空间中表现为静止，在不同速度的空间表现为相对运动。即使是超速运动在没有阻力时依然是运动，但需要面对阻力时，则有可能相互干涉成物质世界，或改变已有物质世界的组合。

光速目前依然被认为是人类所知运动最快的速度，如此也是人类科学和生产生活各种活动的前提，如果光速有可以超越的可能，即可以更快地运动，生活应该可以变得不同。

想象合理的宇宙状态

目前的宇宙，说明其必然有运动，不管运动如何发生，只要不均匀，必然会有相对运动，运动速度有多大，应该包括目前所有的运动速度可能，而且运动应该有某一种方向。

向前运动时，如果碰到阻力，运动可能会有回弹的反应，如果有回弹，则说明运动空间有物质性，如落入液体中的水滴，会回弹出许多水滴，如果水和水滴以一定速度同时前行，则回弹的水滴会自己找到运动平衡，变成分子或太阳系一样的系统。

在最初的运动速度不同时，速度快则运动快，强度大，小则相反，平衡系统则会以不同位置，不同大小的方式在空间展开，就会形成我们目前看到的宇宙和星空，因为速度足够大，所以发展的空间也足够广阔，所以这些速度有关的差别不见得会被我们注意到。

$E=MC^2$有关的问题

如此理解相对论公式也比较容易。E=MC²=m(at)²中质量 m 为 1 时，t 在光速推导的公式中自然也是 1，能量 e 为作用力和大小相同的反作用力 f 的单位时间量 t = 1 时的乘级。

$$E=mc^2= m(at)^2= m\ a^2t^2=m^2a^2t^2/m=f^2t^2/m$$

$$即\ E=f^2$$

如此两个力的乘积说明能量的全部动力，最后集中在物质内部自身，开始有多大，最后还有多大，应该不会改变（此时 m= f²t²/E= f²/E 是两者比值，等于 1），在作用力大小有不同时，物质质量不同，应该出现在不同的速度范围，而可以继续前进。公式使用作用力 f 表示时，时间似乎是变量，但时间应该由作用力决定。如果时间可以改变，时间越短，能量就会越大，如此只说明物质形成时最后能量的大小，不说明会影响运动自身。

像光速 c 一样的一定速度在没有物质转换前提时，应该由力量 f1(f² 中两个力首先出现的部分，引起的反作用力是 f2)决定其大小，在 c 决定的 e 结果中（$e=mc^2$），本来没有 m，在生成时，取代了 e 的存在，或者 e 被锁定在了 m 中，m 会因为 c 的不同而不同，此时能量的平衡使其不再运动。在 m 已经存在的加速运动中，f 并没有生成新物质 m 的前提，但动力 f1 将动量转移给已有物质 m 时，没有反作用力 f2 出现，则可能开始向前运动，也可能使其物质状态改变。

速度更快的运动的平衡，出现在空间的不同位置，速度相同的运动出现时，表现在其同速运动内部的静止，及不同速运动外部的相对运动，内部的相对运动同内部额外的作用力有关，即在已经具有的光速或超光速运动的前提下的加速或减速运动，而同最初的物质生成运动无关，或者影响微乎其微。如果有物质可以承受超光速运动而不被穿透或破损，在真空条件下，应该可以获得动量而运动。

物质世界的运动速度本来具有梯度

速度不同时，如果你没有减速就可以静止停留在某一空间或地区，说明有不同速度的空间存在，此时最初自己静止的地方会以为你自己依然在运动，如此的相对运动表现应该没有快慢的差别，当速度极快时，或者快到可以把物质空间压缩成静止物质状态时，只要你可以观察到，情况依然。如果无法做到，只是因为快速引致的广阔空间无法将其放在一起比较所致。

目前的具体例证应该包括地球周围的其他星球在以加速度远离地球的观察结果，如果目前观察到的星球分离速度有差别，说明宇宙的物质世界本身是速度不均匀的，速度快的运动自然可以看见其在加速远离，速度相对较慢的运动则因为地球自身的较快速运动而也在远离地球。

另外，卫星发射升空后没有减速步骤，即可静止停留在预定轨道，说明所停留的位置的运行速度和卫星升空前不同，是火箭加速后的状态，如此应该可以肯定，就是在地球周围的小范围空间，就存在着为了静止需要保持不同速度的问题。脱离引力的步骤，也许就是让物体具有目的地速度的步骤，亦即组成物体的物质状态中运动惯性的调整，才可以适应新速度空间中运动速度一致的静止运动空间。

引力应该是物质本身正在运动的特性。有方向的运动在形成星系时，其方向面对平衡中心，所以在地面或周围有向心的重力。

极速运动使物质和生命改变的可能

相对于地球而观察到的其他星球的加速度分离运动，速度的大小是否有明显不同？理解起来应该有不同，如此不同的存在可以说明宇宙运动也许具有某些方向且有梯度。如此可以很不同地理解许多在宇宙空间的运动可能。

如第一段所假设，物质结构本身只是有方向性运动的结果，其惯性的保持，即位置的保持，说明其自身的状态是否可以保持，即是否可以是自身的存在。如果物质运动惯性的调整对物质自身没有影响，旅行者号飞出太阳系后，还具有自己的生命，可以继续既定的使命。智慧生命的人也应该可以如此运动。

作用力可以改变位置，也可以改变惯性，对物质自身结构的平衡系统的影响是什么？某一平衡体系的物质还可以独立存在，但作用力更强时会改变形态，以达到新的平衡。想象一下粒子加速器中松动的基本粒子，又如何可以重新组合，说明改变的可能还是很大的。如果粒子状态最后会消失的话，则更说明运动决定着物质的存在和产生。

加速度在小于物质自身形成速度时，可以加快物质的运动，大于物质形成速度时，则会像汽车里的子弹一样穿透汽车，自己向前，如果汽车无法被穿透，则会被挤压，这也许是超高速运动时可能出现的情况。

当然如果不是因为快速移动而有的运动物体的相对于观察者的变形，而是因为快速运动物体有了自身的绝对形变，也许同快速运动会使物体偏离很远自身的惯性有关，意味着其位置所具有的运动惯性需要有很大改变才可以对新位置适应，所以基本上是一种强烈的外力冲击，应该是毁灭性的，不只是形变的问题，如果飞行器在飞行过程中可以自己调换自己的惯性，或者自己加速来调整物质构成的原始动力，使其在不同速度的时空，即作用力加速度时空的速度水平，保持静止状态，则应该不会发生任何形变。

如果运动惯性本身就是运动改变的目的，其物质构成自然跟着改变，运动自然也不需要考虑形变问题，如果物体结构可以承受运动产生的挤压作用力，运动体不可能有自己的形变。

物体变短的可能还是有的。我们以为紧密结实的物体，包括人体，在某些运动速度不同的人的眼里只是一堆松散物质的集合，其间有很大的空隙可以让某些运动体或生物体随意进出，运动速度加快时，间隙会缩短，物体也会缩短。但生命状态是否会改变，也许会有不同的可能。如此也许是运动极限的关键，间隙的反作用力被破坏而使物体构成的运动或物质改变时，运动物体自然介入到了运动压缩空间的物质生成状态，最初的原材料肯定可以生成不同的物质，使其在新的速度平衡中保持成为新的物质。

14.《健康和宇宙》的量子特色

《健康和宇宙》本来已经彻底结束，可是在参加微信《科研圈》的讨论时，又提到了其中的内容，下面摘抄并且总结如下。

《果壳》和《松鼠》，亚马逊自己的特色，但《自然》和《科学》也是这里可以买到的。《健康和宇宙》对于自己的生活观察结果做了不同类型的解释，假设知道宇宙物质世界的发生是如何，因此而可以理解量子物理学。如果目前物理的观察结果不会错，结论应该可以一致，当然目前还没有人考虑过。

另外作品只归类到生命科学，宇宙讨论只是在辅助说明生命的无奈，但对于生命的理解还是比较深刻的，只是没有具体讨论到量子物理学中来，各个主题没有关联是本书的致命缺点，书中讨论的有些生命现象，也许是量子物理学的事例。人比仪器先知先觉。

量子问题的讨论始于计算和运算的不同。计算只是就事实的数据通过某些规则得出既定结论的过程，结论可以干预事实进程，但计算过程和事实过程无关，计算不具有引力的前提，因此而不可能和计算机相对而言量子态。量子的波属性因为有物质的前提，所以有引力的性质，掌握波属性，就不只是计算干涉生活的问题。

计算机的计算或运算当然只具有物质性，即一种坍缩状态。问题关键是引力是什么，物质的运动前提在构成物质时，压缩在一起，引力则是相关运动改变其方向到物质核心的结果，所以如果运动通过这一个压缩了运动的空间时，自然会缩短时间，如此也是量子的波状态可以被承认的事实。

引力只是作者在书的最后审慎提到的问题，理解起来对简化量子物理学还是有帮助的。物质和波有一个截然不同的分界，但就运动而言还是相通的，因此而有了彼此存在与否的讨论，如果肯定的话，物理学的维度也许也可以简化到目前可知的地步。

本人认为相干性对于物质实体来说就是结果，物质世界的不同就体现在其结构前提的波属性的不同，波粒相干性的具体物理证据，似乎是在查考对象和环境所具有的引力差别，可以想象结论，但不容易具体化。量子物理学最终应该是找出物质实体的波属性延伸的具体内容，目前只有人才

会知道自身以外的感觉存在，也许就是引力的状

态。

www.ingramcontent.com/pod-product-compliance
Lightning Source LLC
Chambersburg PA
CBHW072305200526
45168CB00014B/838